青少年信息技术科普丛书

迈向元宇宙的
人机交互

秦建军　熊　璋　著

柴　越　王亚青　绘

机械工业出版社
CHINA MACHINE PRESS

日常生活中，我们都已经习惯了使用计算机和手机等电子设备。我们通过键盘和鼠标把我们想要的内容输入电脑，通过触控屏在手机和平板电脑上进行各种随心所欲的操作。在我们看来，键盘和鼠标与计算机、触控屏与手机和平板电脑，它们一直是一体的，你可能完全不会去想，这些人机交互技术是不是与计算机同时出现的。

其实人机交互技术是随着计算机的发展而发展的一门技术，目的是使人与机器之间能够更好地进行交流互动。人机交互的历史就是一部驯服机器的技术史，本书沿着计算机的起源和人机交互技术发展的各个阶段，带你一步步走近元宇宙，解读它们背后的故事。

图书在版编目（CIP）数据

迈向元宇宙的人机交互 / 秦建军，熊璋著；柴越，王亚青绘. — 北京：机械工业出版社，2022.10（2024.5重印）
（青少年信息技术科普丛书）
ISBN 978-7-111-71614-3

Ⅰ.①迈… Ⅱ.①秦… ②熊… ③柴… ④王…
Ⅲ.①人 – 机系统 – 青少年读物 Ⅳ.①TB18-49

中国版本图书馆CIP数据核字（2022）第172381号

机械工业出版社（北京市百万庄大街22号 邮政编码100037）
策划编辑：黄丽梅　　　　　责任编辑：黄丽梅
责任校对：薄萌钰 李 婷　责任印制：邓 博
北京盛通印刷股份有限公司印刷

2024年5月第1版第2次印刷
140mm×203mm · 4.125印张 · 43千字
标准书号：ISBN 978-7-111-71614-3
定价：39.00元

电话服务　　　　　　　　　网络服务
客服电话：010-88361066　机 工 官 网：www.cmpbook.com
　　　　　010-88379833　机 工 官 博：weibo.com/cmp1952
　　　　　010-68326294　金 书 网：www.golden-book.com
封底无防伪标均为盗版　　　机工教育服务网：www.cmpedu.com

丛书序

信息技术是与人们生产生活联系最为密切、发展最为迅猛的前沿科技领域之一，对广大青少年的思维、学习、社交、生活方式产生了深刻的影响，在给他们数字化学习生活带来便利的同时，电子产品使用过量过当、信息伦理与安全等问题已成为全社会关注的话题。如何把对数码产品的触碰提升为探索知识的好奇心，培养和激发青少年探索信息科技的兴趣，使他们适应在线社会，是青少年健康成长的基础。

在国家《义务教育信息科技课程标准》（已于 2022 年 4 月出台）起草过程中，相关专家就认为信息科技的校内课程和前沿知识科普应作为一个整体进行统筹考虑，但是放眼全球，内容新、成套系、符合青少年认知特点的信息技术科普图书乏善可陈。承蒙中国科协科普中国创作出版扶持计划资助，我们特意编写了本套丛书，旨在让青少年体验身边的前沿信息科技，提升他们的数字素养，引导广大青少年关注物理世界与数字世界的关联、主动迎接和融入数字科学与技术促进社会发展的进程。

本套书采用生动活泼的语言，辅以情景式漫画，使读者能直观地了解科技知识以及背后有趣的故事。

书中错漏之处欢迎广大读者批评指正。

目　录

第2章　按键交互

第3章　触控交互

第4章　自然交互

第5章　脑机交互

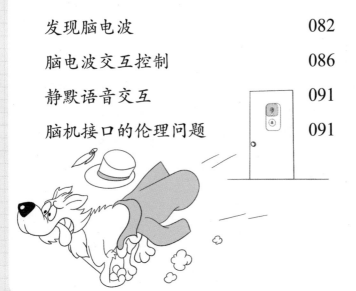

第6章　沉浸交互

导　读

　　在北京科学中心，有许多供大小朋友互动体验的有趣展览项目。在其中的生活展厅有一组"新奇酷品"，如不细看，可能会认为只是几副眼镜而已，但走近细看，发现是AR智能眼镜、意念控制器、AR智能全息眼镜……才知道它们与普通眼镜大不相同。

　　这些特殊的眼镜叫作可穿戴设备，戴上它们就可以进入虚拟世界漫游了。说起它们的用途，不得不提近年来大火的元宇宙，以可穿戴设备为代表的人机交互设备正是元宇宙的入口。

　　其实人机交互设备远不止上面说的这几种，因为在我们和机器"打交道"的过程中会涉及各种各样的方式和装置，比如从实体按键到语音、体感等。人机交互技术一直伴随着计算机的发展而发展，所以我们的故事就从人类为什么要发明计算工具讲起……

第 1 章
人机博弈

天河三号

从计算工具到职业

　　古代的计算伴随着人类记录和处理数据的需求出现。古人在分工合作中产生了交易，随着交易量的增加带来了如何记录和计算的问题。他们想了很多方法来记录数据。比如我们的祖先就想出了用绳子打结的结绳计数方法，后来又出现了在动物骨头、木头、竹片上刻记号的计数方法，称为契刻。

结绳计数

在那之后又产生了很多计数方法，计数方法的迭代更新也带来了计算量的增加，但计算工作仍需要由人工完成，并逐渐成为一个热门职业。到 17 世纪初，人们给专门从事计算的职业定义了一个新词——计算师，它与现在的教师、工程师等职业的表达类似。比如英国天文学家艾德蒙·哈雷（Edmond Halley）在计算彗星轨迹时曾经雇佣两名专业计算师协助他进行计算。

相比脑力计算，使用计算工具能起到事半功倍的效果。比如起源于我国的算盘，后来成了普及化的计算工具。计算尺可帮助计算乘除法和其他复杂的计算。这些计算工具的发明不仅使计算变得更快速、更精确，也替代了部分脑力劳动。但是，当时数倍乃至数十倍的效率提升并不能使人类计算能力产生质的飞跃，加上一些人总结出了巧算方法，有时计算工具反而不占优势。

算盘

IT趣闻

计算天才

1929年生于印度的夏琨塔拉·戴维（Shakuntala Devi）女士有"人脑计算机"之称，她在计算方面具有超常的能力，比如她可以在28秒内准确地算出任意两个13位数相乘的结果。

机械计算机的出现

法国数学家和物理学家布莱士·帕斯卡（Blaise Pascal）在1642年发明了可以进行两位数加减法的机械计算器。其原理是通过齿轮的10个齿表示数字的0到9，当齿轮旋转一圈时，相邻的齿轮会前进一个齿，这样就完成了加法运算的进位，通过换算（补九码）也可以得到减法。

1671—1694年，德国数学家戈特弗里德·莱布尼茨（Gottfried Leibniz）设计完成了不同版本可进行四则运算的步进计算器。他还发现可以用0和1编码来进行四则运算，并预言这种二进制的运算规则将来可能会对机器非常有用。

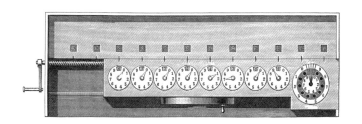

莱布尼茨计算器

早期的机械计算器可以减少心算量，但能进行的计算比较简单，且数量稀少还价格昂贵。当时更为流行的方式是纸质计算表，例如三角函数和对数的计算表，其实就是根据使用条件去找计算好的答案。不过由于表格中的数都是固定数，还有一些错误，条件稍有变化就可能查不到结果。但是在多数场合计算表还是很实用的。

迈向元宇宙的人机交互

情报员　　　　　　　查询员

炮手

　　英国发明家查尔斯·巴贝奇（Charles Babbage）的创新可以称得上是从计算器到计算机的发展过程中里程碑式的突破了。他在1822 年提出了差分机的概念，可以进行多项式函数的计算。他还立下了宏大理想，要把法国的《数学用表》重新验算一遍，合计 17 卷。但是他设计的差分机的精度要求超出了那个时代，所以历经 10 年只拿出一个半成品。

这套《数学用表》在顶级数学家的参与下完成，足足有17卷啊！太让人惊叹了！

朋友

巴贝奇

它里面的错误太多了！

那怎么办？

不用担心，我设计的机器就可以代劳！

差分机加工车间

机床操作工

迈向元宇宙的人机交互

10 年后

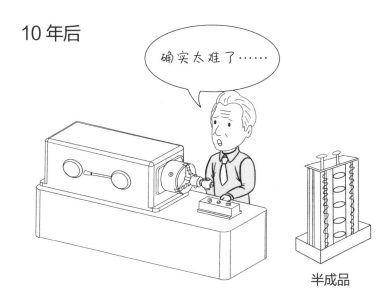

确实太难了……

半成品

　　尽管制造差分机受挫，但巴贝奇于1834年又开始设想分析机，并尝试在分析机中使用二进制运算逻辑，这使分析机成为最接近现代计算机运算逻辑的机械计算机。后来，在他的工作基础上，英国数学家乔治·布尔提出了布尔代数，成为现代信息技术的重要理论基础。

　　巴贝奇还提出了很多超越时代的功能和创意。他设想通过输入数据让分析机来自动执行一系列的运算操作，如顺序、循环、控制等，同时让其拥有存储信息和打印等功能。这也为后来电子计算机的发明提供了许多灵感，因此他被誉为通用计算机之父。

打孔卡交互

　　巴贝奇设想的分析机操作步骤非常复杂，如何给它"编程"来实现自动工作呢？当时盛行的提花织布机给他提供了灵感。这种织布机最早由法国发明家约瑟夫·雅卡尔（Joseph Jacquard）发明，因此，将它命名为雅卡尔提花机。这种机器由多张打孔卡控制，这些打孔卡决定了梭子每次通过时应该提起哪些经线（有孔才能提起）。

雅卡尔提花机

当时，打孔卡已在纺织品的制造中得到了广泛应用。右图中的雅卡尔肖像由24000张打孔卡"编程"在提花机上纺织完成。

雅卡尔肖像

IT趣闻

第一位程序员是谁?

英国一位名叫阿达·洛芙莱斯（Ada Lovelace）的女数学家对分析机非常痴迷，她和巴贝奇合作对分析机的工作原理进行注解。由于有数学方面的天赋，她提出了如何用分析机计算伯努利数。这是公认的第一个为计算机量身定制的算法，因此，洛芙莱斯也被认为是世界上第一位程序员，但这段程序没有经过实际测试。洛芙莱斯的父亲是著名的英国诗人乔治·拜伦。

制表机的意外走红

19世纪末期，当时还在麻省理工学院任教的赫曼·霍列瑞斯（Herman Hollerith）发明了一种用电来完成计数和记录信息的机械装置——自动制表机。这种装置可以识别有孔卡信息，用是否有孔来表示数据状态，用机器来读数和计数，类似我们考试用的答题卡。

当时自动制表机主要用于人口普查，最终人口信息普查统计高效准确完成。

霍列瑞斯意识到机器取代人进行运算和统计的重要价值，于是，他从麻省理工学院辞职，转而成立了专门的制表机公司，后来成了著名的信息技术公司。

插线交互

　　早期的自动制表机功能单一，后来出现了多用途"可编程"制表机。这种机器增加了插线操作控制面板，面板上有一排排插孔矩阵，如果需要机器完成不同的任务，将插线板重新布线就可以，不过那时还没有称之为编程。1928 年，出现了带有可拆卸接线板或"插板"的机器。当然，在重新布线过程中机器需要停止工作，完成不同的计算任务需要进行繁琐的准备操作。

　　当时每一类数据处理或步骤都需要专门的机器，因此通常需要多台不同机器在一起工作才能实现自动化处理，比如电力公司要处理电费的单子，就涉及已付费、欠费、地址变更等很多信息。

迈向元宇宙的人机交互

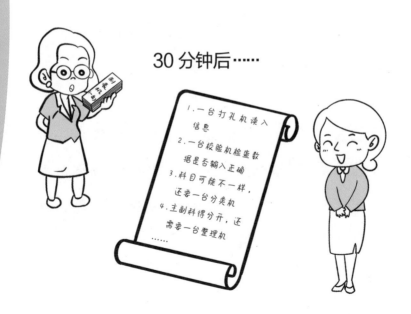

纸带编程

不同类型自动制表机的出现推动了通用电子计算机的发明。世界上第一台通用电子计算机埃尼阿克（ENIAC）于1946年2月14日诞生，并于次日正式对外公布。到1955年，它的计算量已经超过了全人类！

但是它的交互操作依然复杂，一方面程序的运行需要大量的打孔卡输入；另一方面每计算一个新问题都需要程序员重新连接电线和设置开关。那时的计算机十分稀缺昂贵，停机成本过高迫使科学家们去寻求更快、更灵活的编程交互方式。

世界上第一台电子计算机埃尼阿克（ENIAC）

人机大战

刚刚诞生的计算机不但结构复杂，效率也不被看好。1946 年，算盘就与刚刚诞生不久的电子计算机进行了著名的"人机大战"，在加减乘除和综合计算五组题目中，算盘操作者以 4∶1 大比分获胜，计算机仅在乘法计算中赢了！

后来，随着计算机设计的改进，插线工作量有所降低，但是程序运行仍然需要大量读取打孔卡，复杂程序就需要更多的打孔卡，于是打孔卡演变成了连续的穿孔纸带，在交互效率和防止出错方面有了一定的改善。1964 年，由我国自行设计研制成功的第一台大型通用计算机（119 型）就采用了穿孔纸带编程。

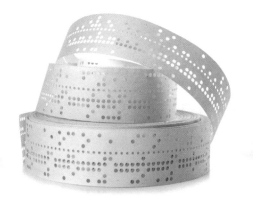

穿孔纸带

穿孔纸带和插线编程一直延续使用到个人计算机的出现。1974年1月，美国的《大众电子》（*Popular Electronics*）发布了一种个人计算机的原型——Altair 8800，它小到可以放在普通写字台上，采用面板编程交互（插线交互的演化形式），可以通过面板上的开关设置二进制操作码运行程序。

Altair 8800

第 2 章

按键交互

早期计算机的机械面板和纸带编程还有一个大问题，就是程序和数据输入后，程序从开始运行一直到结束中间不能停。要提升交互效率就要增加人对机器的干预。

键盘交互

在 1947—1949 年间研发的计算机 BINAC 上，第一次出现了计算机和键盘的组合，通过打字机将数据输入到磁带存储器上。最早的键盘并不是为计算机发明的，它的出现可以追溯到 19 世纪初的打字设备。

BINAC

打字机发明背后的故事

据记载，打字机发明的最初灵感来自给盲人等特殊人群作交流的辅助设备，最早的记载是1575年，一位意大利制版工人发明出打字机并留下了纸面记录。然后1802年，意大利人阿戈斯蒂诺·范托尼（Agostino Fantoni）为他失明的妹妹发明了一台打字机。后来1808年，意大利人佩莱里尼·图里（Pellegrino Turri）帮助失明女友卡洛琳娜发明了打字机，遗憾的是这台打字机也失传了，只有使用该打字机打出的信件留存了下来，至今仍保存在意大利档案馆里。

1868年，美国人克里斯托弗·莱瑟姆·肖尔斯（Christopher Latham Sholes）获得打字机模型的专利并取得打字机的经营权。为了解决相邻字母组合的铅字拉动杆离得过近带来的纠缠问题，后来键盘改成了现在流行的"QWERTY"布局。

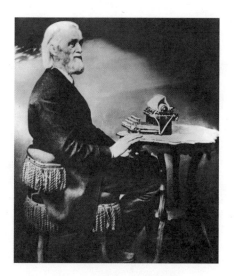

肖尔斯坐在打字机前

林语堂与中文打字机

林语堂是我国著名作家、翻译家，可是你知道他还是发明家吗？林语堂先生在中英文翻译写作时发现了中英文写作的巨大差异，英文写作时可以用打字机，而中文写作时只能手写，于是他立志要发明中文打字机。作为文科生，他对打字机的构造一窍不通，但他买来各种类型的打字机对照图纸拆解学习。1931 年，在他坚持不懈的努力下，终于完成了中文打字机的设计图，还创造了中文独有的"上下形检字法"键盘字码。后来他耗巨资终于在 1947 年制造出了"明快中文打字机"。

命令行界面交互

电传打字机的出现实现了只要按下一个特定字母，信号就会通过电报线传到另一端并打出字来。受此原理启发，键盘和计算机交互的雏形出现了！但传输数据仍需很多步骤，且不可见。1964年发明的Multics计算机分时操作系统中增加了视频显示终端（VDT），即显示器。键入文本会立即在屏幕上看到，通过键盘输入一个命令，按下回车，显示器就会显示出来，实现了用户和计算机之间的双向"对话"交互。

如果把计算机程序比喻成不同的"咒语"，使用恰当会造福人类，但控制不好就会酿成灾难，因此需要把它们装进"宝瓶"中，每个"宝瓶"只有相应的"咒语"才能开启，这样就能发挥不同程序该有的法力。这个"宝瓶"在计算机中被称为"壳"。首先被发明出来的壳是命令行壳，它通过用户输入命令（"咒语"）来处理计算机系统的操作结果（"施展何种法术"）。这种用户可以通过键盘输入各种命令让计算机执行程序的命令行界面交互方式一直沿用至今。后来科学家们为Unix/linux操作系统开发了不同类型的壳。

调用程序方便，表现优秀，交互性稍差。

占用资源少，只有 24 个命令，能力不足。

集成了其他壳的优点。

Bourne

ash

bash

交互性增强，兼容性不足。

效率很高，交互界面友好。

命令最多，一般情况没必要安装。

csh

ksh

zch

不同类型的壳

　　命令行界面交互方式随着 20 世纪七八十年代键盘和显示器的普遍应用得到了普及，计算机的 Windows 操作系统中至今还保留

cmd.exe 作为命令行交互的壳，在一些特定用途时会用到它。

Windows10 系统中的 cmd.exe 命令行交互界面

光笔交互

在显示器出现初期，除了字符代码显示还催生了很多新应用，如计算机绘图、虚拟现实等，这些都迫使科学家们去探索更多高效的交互方式。光笔交互在 20 世纪 50 年代出现了，它可以直接在屏幕上接触和移动进行交互，比如画图、点击和拖动目标等。

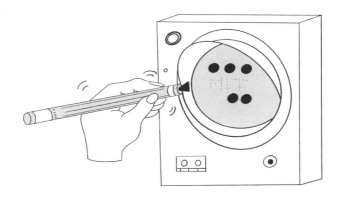

光笔交互

　　1962 年，以光笔为交互方式的计算机辅助绘图系统——机器人绘图员诞生，有了光笔和机械按钮的配合，用户除了可以绘制平行、等长或垂直的线条，还能实现动态的缩放。机器人绘图员的光笔交互令人大开眼界，代表了人机交互方式的转折点——计算机不仅是负责计算的机器，还能帮人类做其他更多的事。

机器人绘图员的光笔交互

鼠标交互

光笔交互虽然简易直接，但是长时间将手臂放在屏幕前会导致操作者的不适，所以光笔逐渐被鼠标取代。同在 1962 年，道格拉斯·恩格尔巴特（Douglas Engelbart）提出了"增强人类智力"的设想，旨在解决人与计算机自然交互的瓶颈问题。

1964 年，他与同事共同发明出第一个计算机鼠标，尾部有一根线，看起来很像老鼠，因此"鼠标"这个名字沿用了下来。

恩格尔巴特的三按钮鼠标

IT趣闻

万有演示之母

鼠标发明人道格拉斯·恩格尔巴特在1968年旧金山的一次国际会议上通过鼠标、键盘与计算机交互完整展示了现在计算机的几乎所有要素：文本处理、超级文本、鼠标操作甚至视频会议、多窗口操作等。当时个人计算机还未出现，但这次演示却超前预见了计算机乃至其他数码产品的功能框架，也被IT界尊称为"万有演示之母"。

图形用户界面交互

现在被广为使用的是图形用户界面（GUI）（遗憾的是发明鼠标时还没有它）。1973年，第一台GUI计算机诞生，它的界面跟现在的计算机界面很接近，除了日常的处理文本外，甚至可以实现100多台计算机的联网。

现在各种电子设备上广泛应用的图形用户界面是不同于命令行的另一种壳。2D屏幕上的GUI被定义为桌面，就像桌面上放很多文件一样，用户可以打开多个程序，每个程序在一个框里，叫作窗口。之前代码是从上到下执行的，图形用户界面是由事件驱动编程，而代码可以在任意时间执行以响应事件，即由用户触发事件，比如点击按钮选择一个菜单项或滚动窗口，就会一次触发好多事件。

图形用户界面在适应人们的实用需求中快速更新迭代，在各行业的高效工作方面发挥了重要作用，也使计算机朝着代替、增强人类脑力劳动的方向发展。

第 3 章

触控交互

手机的普及使人机交互的创新焦点从实体按键交互转移到屏幕上。早期的手机主要移植了固定电话机的实体按键交互方式，随着手机的更新换代，可供交互的键盘区域占比在不断缩小。后来，支持彩色显示和视频图片浏览的手机开始出现，也暴露出了实体按键交互的弊端。

部分有代表性的老式手机

触控笔交互

　　20世纪90年代，现代平板电脑的原型——个人数字助手（PDA）出现了，可以随身存储日常必备的重要信息资料和文件等。第一个商业化的PDA是苹果公司1994年推出的苹果牛顿，它可以通过触控屏幕进行点选菜单、手写文本、绘制图形等操作，但是需要专用的触控笔。

苹果牛顿

　　苹果牛顿的市场化并不顺利，对手写字体的识别精度更是糟糕，甚至不能把一个短

迈向元宇宙的人机交互

句的手写字母全部识别对，一度成为大众嘲笑的热点。

同期其他采用触控笔进行交互的产品，还内置了当时很新潮的游戏、电子邮件、记事本等功能。不过，当时还是一代手机网络（1G）时代，只支持打电话，不支持数据传输。可传输数据的 2G 网络从 1995 年以后才开始普及，但是理论数据传输速度非常慢。用移动网络来共享和访问数据还很奢侈，触控笔交互自然也没有成为主流。

重新定义手写字符

重新定义手写字符的观点曾一度被看好，有人认为手写输入不应由用户自由发挥，而应该教用户学会一种与机器之间高效交互的新"语言"。1996 年，美国一家公司定义了一套新的字符体系，所有字母都被重新简化至只需写一画，当笔或手指离开触屏时系统自动即时识别。当然，简化也尽量保持原有字形特点，使得用户容易学懂。这样就提高了书写速度及辨别正确率，直到与在纸上书写一样。

智能手机时代来临

接入宽带互联网的个人计算机带来了网络购物和网络社交的流行，但是个人计算机的便携性远不如手机。后来，即时网络聊天、音乐播放、视频播放以及图片拍摄等功能陆续移植到了手机上，智能手机雏形初现。但当时手机的操作系统可扩展性不足，主要功能出厂前已经预置好，不过其中大量功能可能直到手机淘汰都没有多少用户使用过。

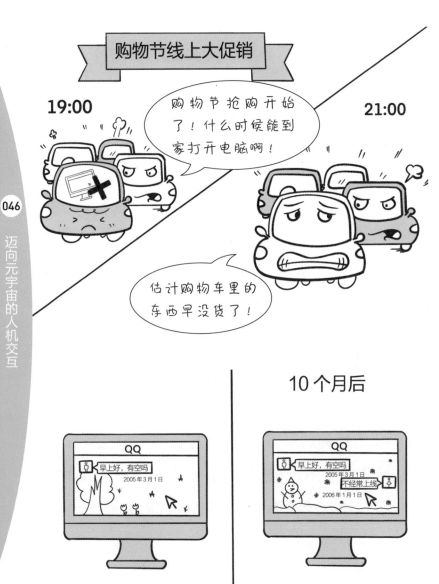

非智能手机时代

2007 年 1 月，第一款主要以手指触控屏幕进行交互操作的智能手机正式发布。其突破性的多点触控交互理念加上丰富的可扩展应用，使用户可以快速打开具体应用程序而不再关注机器本身的性能，引领手机迈向智能时代。

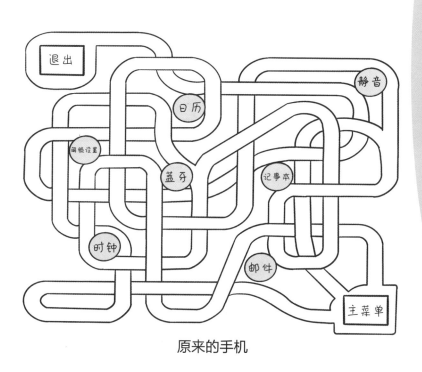

原来的手机

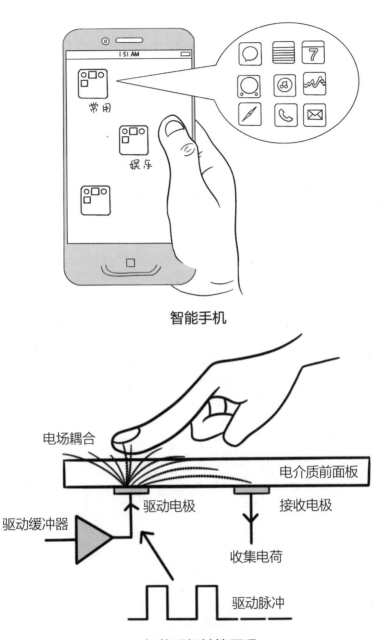

智能手机

电场耦合

电介质前面板

驱动电极

接收电极

驱动缓冲器

收集电荷

驱动脉冲

智能手机触控原理

多点触控交互

　　多点触控交互的最初灵感来自电子乐器萨克布，休·利·凯恩（Hugh Le Caine）等人发明了利用触摸传感器原理产生声音的电子合成器，并在 1948 年做出了原型，它通过手指的触摸来控制不同的声音。那时计算机也才刚出现。这项技术引起了一群喜欢音乐的科学家们的关注，如美国卡内基梅隆大学的罗格·丹嫩贝格（Roger Dannenberg）等人在此基础上发明了传感器框架，甚至现在手机中流行的缩小和放大的捏合手势都已在他的技术论文中有所阐述。

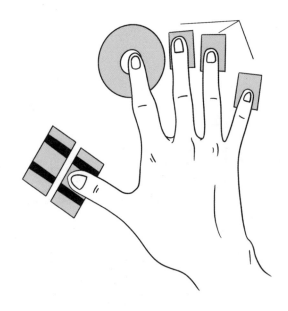

电子乐器萨克布右手操作示意图

　　同样从触控乐器获得灵感的还有韦恩·韦斯特曼（Wayne Westerman），他发明了触流技术，这已经接近现在手机广泛使用的多点触控技术了。这项技术的原理核心是用一个薄传感器阵列去监测手指对触屏电场的干扰，使电容量发生变化，从而计算出手指的坐标位置。

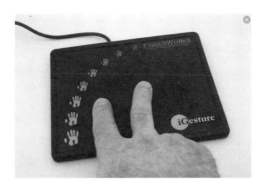

采用触流技术的产品

这种多点触控方式只要在屏幕上轻轻触摸就可以，非常方便人们操作。

才敲几个字就非常难受！对肌腱炎患者简直是不友好！

韦恩·韦斯特曼

触流技术定义了一套相对完整的触控交互方式，比如单双击、左右滑动和捏合等，包括现在许多笔记本电脑的触摸屏操作也采用了类似的交互方式。值得一提的是，该技术在 iPhone 手机发布前两年被苹果公司收购，现在手机电容屏的原理亦是由此沿用过来的。

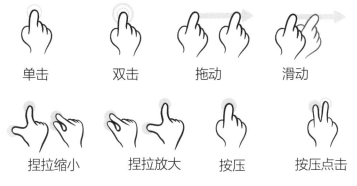

| 单击 | 双击 | 拖动 | 滑动 |

| 捏拉缩小 | 捏拉放大 | 按压 | 按压点击 |

触流技术的多点触控交互模式

不过，手机多点触控的难点在于通过小屏幕（整个手机屏幕对角线长约 9cm）上的虚拟键盘进行触控交互操作，键盘大小比真实键盘小很多，即使整个手机也不足笔记本电脑机械键盘的四分之一大小，以至于当时一些 PDA 设备甚至留有键盘外接口。为了防止按错，一个主流的想法是对按键布局进行调整，也出现了很多有趣的虚拟键盘设计，比如可以把点击频率高的字符按键放在更容易触按的位置。

苹果公司创始人史蒂夫·乔布斯（Steve Jobs）则认为优秀的产品应该快速黏住用户，而不能增加学习负担。因此，他坚持虚拟键盘应该沿用机械键盘的布局。后来，技术团队的一项创意破解了这个难题，他们提出利用人工智能技术来猜测用户的输入意图，比如输入了"int"会联想到你可能想输入 intelligence，并且对下一个字符周边的空间做出短暂调整来防止误触发。当手指在屏幕上来回滑动时就可以触发相应的按键完成输入。现在多数智能手机和 PAD 设备上的虚拟键盘设计基本借鉴了苹果公司的设计理念。

某大厂手机虚拟键盘演示现场，频频出错……

迈向元宇宙的人机交互

虚拟键盘

　　如今这种多点触控交互大家早已司空见惯了，这种看似方便的交互方式在无形中增加了数码产品对用户的黏性，获取信息的方式也进入了机器主动获取数据和信息精准推送的时代。不过这种用户画像式的大数据推荐也束缚了人的思维和使用行为，因此，需要给用户打开更多高效的交互通道！

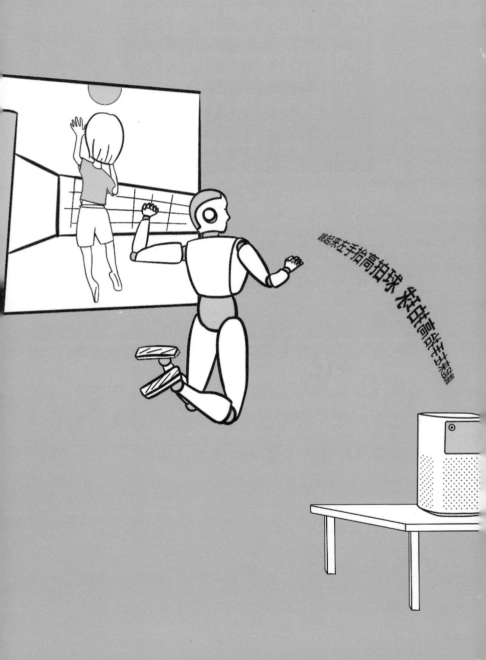

第 4 章

自然交互

　　在新冠疫情防控过程中，为了避免公共场所人们的频繁接触带来的交叉感染，语音控制、非接触感应等新型交互方式的应用越来越多，比如语音交互控制的电梯、宾馆服务机器人等。更自然地与机器交互成为人工智能时代的技术趋势。

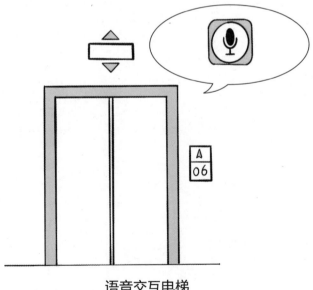

语音交互电梯

拨号助手

　　第一个语音识别系统是从识别数字开始的。1952年，美国贝尔实验室开发出可以识别单个数字的语言交互系统——奥黛丽。它主要的元件是真空管电路，总高度接近两米。奥黛丽对发明者的声音的识别率超过97％，但对其他人只有70％~80％。我国从1958年就开始了语音识别方面的研究，中国科学院声学研究所研制出了真空管电路识别10个元音的语音识别装置。

现在给大家展示一个高科技产品，可以语音拨号。

我来试试。

迈向元宇宙的人机交互

第一遍
第二遍
第三遍
……

请拨打 "9-5-5-8-8"
请拨打 "9-5-5-8-8"
请拨打 "9-5-5-8-8"

欢迎致电民生银行（95568）
欢迎致电广发银行（95508）
欢迎致电浦发银行（95528）

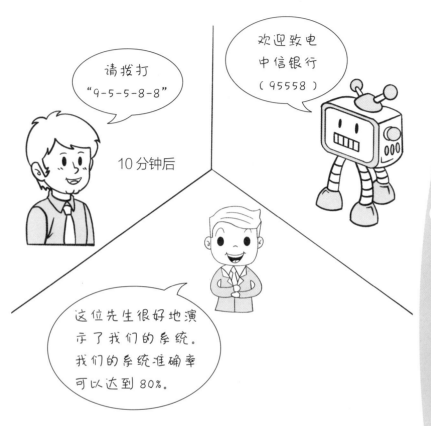

这种交互方式以识别音素为基本单位，提供了最早的语音交互原型。在麦克风采集到人的说话声后，会通过寻找数字化的声纹共振峰（频谱中的峰值或局部最大值）来识别具体数字。

奥黛丽的语音交互过程

讲话者对着普通电话机朗读特定的一个或多个数字，确保在每个单词之间暂停 350 毫秒。奥黛丽接收到讲话者的声音输入，然后使用记忆的基础数据，将语音分为与既定参考模式匹配的信号类别（这些参考模式预先通过电子方式绘制并保存在模拟存储器中），并通过闪烁不同的灯光做出反应。

1962 年，在西雅图世博会上以生活中的语音识别为场景展示了一款语音识别机——Shoebox（鞋盒），它可以听懂 10 个数字以及和四则运算有关的 16 个英语口语单词。

与此同时，日本、英国和苏联等国家的实验室还开发了其他专用于识别语音的硬件，如新英格兰学院的一个团队研究通过分析音素（一种语言的离散声音）来识别 4 个元音和 9 个辅音。

语音识别备受重视

20世纪70年代，语音理解重新得到重视，其中最为著名的研究成果之一是卡内基梅隆大学开发出的 HARPY 语音识别系统。其核心是 beam search（波束搜索）算法，即可以从数据库中检索词的含义并确定口语句子结构，从而加以理解。该语音识别系统能够处理和理解 1000 多个单词，其能力相当于一个 3 岁左右的孩子。

20世纪80年代中期，美国发布了以当时世界公认打字速度最快的人的名字命名的语音识别系统——Tangora。但该系统仍需要讲话人缓慢、清晰地发音，并且不能有背景噪声。

Tangora 可以识别 2 万个英语单词和一些完整的句子，并进入到医疗等商用领域。1987年，使用该语音识别系统的 Julie 娃娃玩具进入普通用户家中，孩子们可以通过对话来训练它，这也算是最早的智能音箱原型。

会语音交流的 Julie 娃娃

早期的语音识别程序无法成功执行单词分割，所以当句子串在一起时可能无法识别单个词汇的开始或结束。这使得讲话人一次只能说一个单词（对英文而言），且要清晰地说出每个音节的发音，以确保软件能够听懂所讲的内容。比如一句话以类似"您……必须……在……每个……单词……之后……暂停。"的形式说出来，效率低得让人抓狂。

1990 年，首个消费级语音识别产品

Dragon Dictate 面市，价格虽然高达 9000 美元，但是仍然不能识别连续语音。数年后，经过改进的 Dragon Naturally Speaking 问世了，这是世界上第一个连续语音识别器，识别速度为每分钟 100 个单词的连续语音，并且把价格降到了 695 美元。它的升级版本至今仍在使用，并且备受医生们的青睐。

手写病历

哇！实时出病历啊！

医嘱识别器

　　到 21 世纪初，出现了加权有限状态转换机（WFST）、深度学习等新型识别技术，使得语音识别取得了新的技术突破。如在应用程序分析中添加了数十亿个搜索查询数据，以更好地预测讲话人可能在说什么。

　　现在的智能手机大多支持语音输入，语音识别程序甚至能在一些嘈杂的环境中识别用户所说的话。

识别火星上的声音

"火星麦克风"实验的目标是开发声学传感器来记录火星表面的声音。火星表面的气压很低，不到地球海平面气压的 1%。但是，即使如此，仍然可以检测到人耳频率范围内的声音信号。火星麦克风能听到风甚至沙尘暴中某些闪电的声音，它还能记录着陆器发出的噪声，例如机械臂挖掘土壤样本的声音。火星麦克风可以由自然产生的声音随机触发，也可以通过编程来监听特定的声音。最令人振奋的是可能听到未知的声音！

语音交互及隐私保护

如今，很多电器都有语音交互功能，如"格力金贝"是格力公司推出的语音交互控制的智能空调。在 5 米距离以内直接说出"格力金贝"就能唤醒机器，通过"制冷模式""太热了"等指令就可以实现常规的遥控器操作功能，当然还有智能音箱所具有的其他功能。

还有很多语音交互的厨房电器，比如炒菜机器人，未来，也许我们只要说出要求，几分钟后想要的菜就能上桌了。

超级无敌酷炫的小厨炒花生米做好了

5分钟后

　　语音交互技术还可作为很多智能产品的交互接口。比如，某公司开发了一款智能语音交互门铃，并在摄像头的图像设备程序中添加了机器学习技能。在一项名为"门铃护卫"的新服务中，在询问送货员是否需要签名后，会告诉送货员将包裹放在什么地方，还能检测到各种身份异常的访客。

手势交互

在图书馆等公共场所，有保持安静等文明礼仪要求，所以相比语音交互，手势交互是一种更理想的静默人机交互方式。2019年，华为公司发布的Mate30系列手机推出了"隔空操作"功能，用户无须和显示屏接触，通过挥手方式就可以执行浏览图片、切换歌曲等操作。

嗯，这首曲子跟小龙虾更配！

手势作为人类肢体语言的一种，从婴儿还没有学会语言和文字之前就会了，比如通过摇手表示"再见"、张开双臂表示"需要抱抱"等。手势交互技术是利用计算机图形学等技术跟踪人类手势，识别人的肢体语言，并转化为具体命令来与设备交互的技术。

你可能会问，为什么有了快捷的语音交互还要发展手势交互？因为语音交互虽然方便，但在公共场所会影响到他人，同时也容易受到环境声音或者其他人声音的干扰，还会出现误触发等情况，而手势交互正好可以弥补这些不足。比如无菌静音的手术室、嘈杂的工厂车间、聋哑人等特殊人群的意图理解等场景中，手势交互都有独特的应用潜力。

数据手套交互

不过，通过隔空采集到手势信息进行交互的准确度并不高，容易出现识别错误的情况。这可能对一般的生活场景影响不大，但在医疗、工业等场景中可能就不行了。穿戴式采集装置是更为精确的交互方式，其中一种采集方式是将传感器内嵌于手套中，这样可以准确获取每个手指关节的运动数据。这种装置称作数据手套，最早于1987年发明。数据手套可以高精度地检测手指弯曲程度，甚至可向用户提供真实触觉反馈。

数据手套通常和虚拟现实头盔组合成一套立体视触觉交互系统，触摸到屏幕中的物品甚至能感受到接触力大小，比 3D 电影更有震撼力。这种方法在医疗等领域有着广泛的应用，比如临床手术医生的训练，可以通过数据手套精确分析每个关键的运动是否到位，从而制定更科学的训练计划。

数据手套和虚拟现实头盔结合

体感交互

虽然数据手套提高了动作识别与交互精度，但其以束缚用户的运动灵活性和舒适性为代价。一些新的高精度非接触交互方式可以克服这些不足，如利用光学传感器、摄像头、雷达等器件采集运动行为数据。

2010 年，可以用身体进行非接触交互（体感交互）的设备——Kinect 面市，它使用 RGB 彩色 VGA 摄像机、深度传感器和多阵列麦克风来捕获并响应玩家的动作。Kinect 可以采集到整个人体的活动数据，深度传感器可以构建一张活动人体上的点到摄像头的距离图像（被称为深度图像）。为避免人体骨骼数据采集受到自然光干扰，还通过发射红外线将人体的关节节点活动记录下来，从而感知人体的活动轨迹。

当然，体感交互技术还在发展中，仍然没有达到成熟或者被普遍接受的程度。另外，还有识别准确性、受使用环境限制等很多现实问题等待解决。

第 5 章

脑机交互

　　前文介绍的交互方式都需要用户操作或者清晰地把意图表达出来。简而言之，就是机器知晓了使用者明确的意图才能执行某些程序。如果能省去中间环节，直接让机器"领会"用户想要它做什么是否可行呢？脑机接口正是这样一种前沿的交互技术之一，也是未来可能普及的新型人机交互方式。

发现脑电波

　　早在 18 世纪，意大利物理学家、生物学家路易吉·伽尔瓦尼（Luigi Galvani）就通过实验发现电脉冲可以使青蛙的后肢抽搐和弯曲，从而证明电刺激能使动物的身体运动。现在，在一些公共场所放置的用于急救的心脏除颤仪，主要原理就是对患者的心脏施加电击，从而让患者的心脏恢复正常的跳动。

电极使青蛙腿抽搐

反之，动物能否产生电信号呢？1875年，英国生理学家理查德·卡顿（Richard Caton）通过将兔子和猴子等动物的大脑连接到电流表上，发现了电流的存在。1924年，德国精神科医生汉斯·贝格尔发现了脑电波，并得到了最早的脑电图。

但是，当时还没有电子计算机，脑电波还无法准确记录。1961—1974年，在电子计算机的帮助下，生理学家罗斯·艾迪（Ross Adey）领导的小组绘制了定量脑电图，后来还建立了准确、规范的脑电波图库。

人类的大脑皮层有神经元，神经元的活动通过某种形式的放电信号表现出来。因此，采集脑电活动对了解人类的视觉、听觉和其他行为的规律具有重要的研究意义，也是研究脑机接口交互技术的基础工作。脑电波根据其频率、振幅和形状以及记录它们的头皮位置进行分类。常见的脑电波有 α（alpha）波、β（beta）波、θ（theta）波和 δ（delta）波等。

尽管不同区域的脑电波并不一样，但会对应到相同的思考意图。采集脑电波的仪器一般有非侵入式、侵入式和半侵入式等类型。脑电电极帽是一种非侵入式的采集方式，头盔中通过扁平的金属片与人的头皮接触来测量脑电波，经过信号放大后用来满足控制或者输出显示的需要。而侵入式采集方式需要专门的手术在大脑皮层内植入芯片。

采集脑电波的电极帽

　　2018 年，美国国防高级研究计划局生物技术办公室公布了称为“下一代非侵入性神经技术”（简称 N3）的项目。这是一个高分辨率的便携式神经接口，通过在大脑的多个位置同时读取和写入数据，不需要通过植入芯片就能实现大脑和计算机系统之间的高效通信，从而实现更高级别的人机交互。

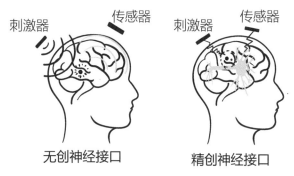

N3 提出的无创和精创神经接口技术示意图

脑电波交互控制

如果能将脑电波信号中有操作意图的信号采集出来，通过处理后作为控制设备的输入，意图就可以用来操控计算机。1969年，德裔美国神经学家埃伯哈德·费兹（Eberhard Fetz）曾将猴子的大脑神经元接到一个仪表盘上，当猴子执行特定的思考活动时，盘上的指针会偏转，同时，猴子会得到奖励，这样训练一段时间，猴子就能比较精准地让指针偏转。

一个典型的脑机接口交互系统主要包括信号采集、信号处理、控制执行和反馈四部分。最初被发明是作为给有严重运动障碍患者使用的操控方式。采集到的信号通过处理最终实现操作某个装置的目的，如移动屏幕上的光标、控制机械臂、驾驶轮椅等。

2009 年 4 月 1 日，美国的生物医学博士亚当·威尔逊（Adam Wilson）戴上自己研制的一种新型读脑电极帽，然后想了一句话："用脑电波扫描发送推文（类似于一条微博）。"于是这句话出现在了他的推特上。由于当时技术限制，该设备每分钟只能输入 10 个字母，但却给身体运动功能受损、有语言障碍等特殊类型的人群带来了希望。

用脑电波发送的推文

2017 年，美国的一所大学开发了能使完全瘫痪的人恢复大脑控制的伸直和抓握技术，称为神经假体。首先在患者大脑运动皮质中植入传感器，然后通过解码脑电波信号来刺激自己的手臂和手部肌肉。患者只需要考虑他想做什么就可以控制失去知觉的手臂来实现想要做的动作。当然，患者需要经过训练才能使计算机识别出特定的信号。

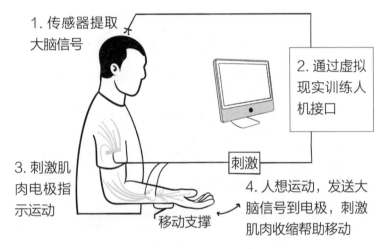

1. 传感器提取大脑信号

2. 通过虚拟现实训练人机接口

3. 刺激肌肉电极指示运动

刺激

移动支撑

4. 人想运动，发送大脑信号到电极，刺激肌肉收缩帮助移动

神经假体让肌肉和大脑恢复连接示意图

脑机接口技术走向实用对很多神经疾病的患者意义重大，同时有可能在疾病治疗（如补偿部分功能、调适心理等）、诊断和机能增强等方面给人类带来福音。脑机接口技术的研究也引起了军方的兴趣，比如用大脑

远程控制军用设备等。据一项研究结果表明，可以通过人脑想象控制无人机，成功率高达90%。

美国军方的脑机接口研究

脑机接口交互的精度取决于采集到的脑电波信号能否准确反映用户的意图，在头骨上植入电极是一种较为精准的解决方案。美国有一家公司正计划招募志愿者进行临床试验，试验过程将会在志愿者的头骨上植入4个电极。

2019年6月，《科学·机器人学》杂志发表了美国卡内基梅隆大学贺斌教授团队的脑机接口成果。头戴电极帽的实验者凭自己的想象就可以精准地控制机械臂跟随屏幕上的光标移动。无论在人类的大脑皮层还是在脑皮下植入电极，都会给接受者和使用者带来创口，相比而言，自然无创的脑机接口方式成为关注热点。

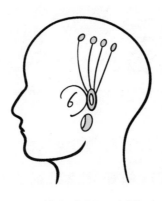

植入电极示意图

在 2022 年北京冬残奥会的圣火采集仪式上，残奥会冠军、第 17 棒火炬手贾红光通过国产化脑机接口装置控制仿生机械手完成了火炬传递，这是脑机交互走向应用的重要标志。

静默语音交互

除了读取脑电波信号外，一些其他器官也能表达出用户的意图。静默语音接口是一种电子唇读技术，旨在使人们能够在没有声音的情况下通过识别面部、嘴唇或舌头等的行为进行交流。它可以完成原本需要通过语音进行的所有交流。也有很多不同原理的采集装置，比如有一种方式是通过超声波和光学相机采集舌头和嘴唇的运动信息。

还有美国麻省理工学院媒体实验室研制的 AlterEgo，通过采集用户神经肌肉信号对语音进行重建，并且通过骨传导耳机回传用户，实现人和机器的双向静默交互。

脑机接口的伦理问题

脑机接口技术虽可以给很多特殊人群带来福音，依照相关法律法规开展实验和临床研究也会加速实用化的进程，但是会不会对志愿者带来不可逆的损伤呢？令人担忧的还有机器误解人的真实意图、曲解人的本意甚至反过来操纵人类的意图等，这些伦理上的问题尚未有妥善的解决方案。

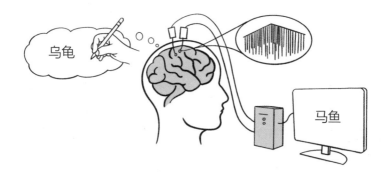

脑机接口的伦理问题有风险问题、风险收益比、知情同意权以及隐私保护等。

（1）风险问题：侵入式脑机接口需要在大脑皮层植入若干个芯片，但是这些芯片会不会影响到大脑的正常功能、长时间后会不会老化腐蚀等问题均需要有清楚的答案。因此，对使用者的身心健康有哪些影响需要周全评估。

（2）风险收益比：哪些人群适合使用脑机接口？有没有其他更好的选择方案？采用脑机接口带来的收益和潜在的风险哪个更大？诸如此类的问题都是这项技术在推广应用中需要回答的。

（3）知情同意权：自闭症等弱势群体或患者在接受脑机接口治疗和试验的过程中，由于自身表达意识不清晰，甚至需要监护人代替其做决定，因此应该尽最大可能让他们充分了解新技术的潜在风险和收益。

（4）隐私保护：脑机接口采集的脑电波信号数据是人的重要隐私，未来有联网的可能性。和一般数据隐私不同的是，思考和潜在意识等是更为私密的重要信息。如何预防不法分子通过脑机接口窃取和干预他人的思考和行为，在推广应用该项技术前应该制定专门的隐私保护法律。

第 6 章

沉浸交互

　　2021 年，元宇宙一词走进大众视野。一些公司向元宇宙公司转型，有人预言未来的互联网平台和媒介将会是让用户身临其境地"沉浸"到虚拟世界中。要沉浸到虚拟世界中，就需要可穿戴设备来与虚拟世界交互，如虚拟现实（VR）和增强现实（AR）眼镜、耳机、手持控制器、智能手表等。它们被穿戴在用户的身上，成为用户进入虚拟世界的通道。人和机器逐渐融为一个整体。

三维立体成像

虚拟现实的主要目的是让人可以在观看影像（如照片或视频）时有深度的沉浸感，即通过技术手段营造出身临其境感。在 1839 年照相机被发明后不久，立体镜这种仪器就被发明出来了，左右眼通过透镜分别观察角度稍有差别的照片，能够看出立体效果。

当我们观看立体电影时，如果不戴专用眼镜直接看屏幕影像是模糊的。其实，它们是通过左右两组镜头同时拍摄的，不过左拍摄镜头会通过横偏振光过滤，而右拍摄镜头会通过纵偏振光过滤，播放时两个通道的影像会叠加显示出来。观看这种影像所需要的专用眼镜被称为偏振光眼镜，戴上它，观看者的左右眼会分别看到横、纵偏振光影像，叠加后就成了最终看到的立体逼真效果。这

种技术被称为偏振立体投影技术，它的原理
早在 1890 年就被实验证明，后来在立体电影
中广泛使用。

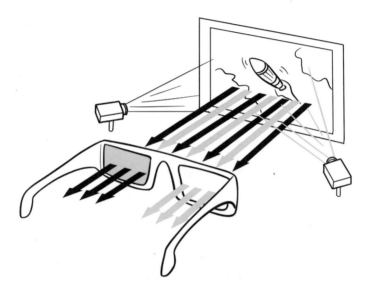

偏振光 3D 系统原理

当然，有读者不禁要问，戴上偏振光眼
镜还是有些麻烦，能不能裸眼直接看到虚拟
影像的立体效果？全息成像就是其中一种，
它采用光衍射来创建一个虚拟三维影像，让
观看者在视觉感受上和看真实物体差别不大。

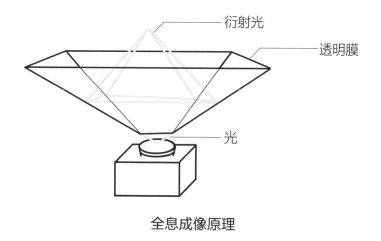

衍射光

透明膜

光

全息成像原理

近年来，全息成像技术日趋成熟，大家可以从近年中央电视台春节晚会节目中看到它的应用。如 2022 年虎年春晚的舞蹈节目《金面》中，三星堆文物的展示就是通过全息成像技术实现的。

营造沉浸感

真实世界中我们用手可以触摸抓取移动物体，感受材质的不同，这个交互是实时的。虚拟交互的目的也是为了增加逼真度。我们把模拟虚拟环境、营造沉浸感的设备统称为虚拟现实设备。

1957年，电影摄影师莫顿·海利希（Morton Heilig）发明了体验剧场，即世界上第一台虚拟现实机器。设计上很像我国的传统艺术拉洋片，观众可以通过窥视孔观看箱子中的3D视频播放器播放的电影，通过环绕立体声、风、振动甚至释放气味来增强观众的沉浸感。

不过体验剧场没能走向实用，后来莫顿·海利希继续提出了很多大胆设想。他在1966年申请了体验剧院的专利，在剧场中设计了一个超大的环形屏幕，并为每个座位设计了交互式的体验剧场模拟器。这也是最早的4D电影和iMax影院设想，当然还没法做到可穿戴，更没法戴着走来走去。

1961年，美国的两名工程师发明了头戴式显示器，这是人类首次尝试通过随身穿戴设备实现人机交互。用户戴上头戴式显示器，两只眼睛前各有一个小屏幕，显示的是另一个房间闭路摄像头拍摄到的实时视频，摄像头利用磁力跟踪功能随用户头部运动并调整拍摄视频角度。这套交互系统最早被用来作为军事训练设备，但未对外销售。

虚拟现实技术

计算机科学家伊万·苏泽兰（Ivan Sutherland）在 1965 年的"终极的显示"论文中提出了图像交互设想，并增加触觉等交互通道，最终实现看起来真实、听起来真实、移动真实、交互真实和感觉真实等的立体交互，这也是最接近现代虚拟现实技术的设想。

苏泽兰在 1968 年又提出了三维（3D）头盔显示器的概念，并开发了一套很重的原型机，他将之命名为"达摩克利斯之剑"。它为虚拟现实技术真正走出实验室迈出了坚实一步。

随着虚拟现实技术的进步，一些游戏和娱乐设备公司发现了潜在的商机。日本一家公司在 1993 年的消费电子展（CES）上展出了他们研发的 VR 头戴式显示器，有立体声和头部跟踪功能，并定制了四款配套游戏。

IT 趣闻

消费电子展（CES）

消费电子展的名称来源于最早的英文名称 Consumer Electronics Show，后来直接称为 CES。它是美国电子消费品制造协会（CTA）主办的著名消费电子贸易展览会，第一届于 1967 年在纽约举行，此后一直被誉为电子消费领域新技术的风向标。各大公司的前卫科技产品大多会通过该展览会向消费者展示和亮相。从 1998 年开始每年年初固定在美国内达华州的拉斯维加斯会议中心举行。

该公司还对 VR 头戴式显示器做了很多改进，比如为了减重，把显示器的部分硬件进行了外置。1995 年把 LCD 屏改成了投影屏，用户可以跟随投影游戏进行移动交互，但是也没有得到市场的认可。

1995 年，日本一家游戏公司推出了虚拟现实设备产品——"虚拟男孩"。

"虚拟男孩"设备上市后受到了和之前的 VR 产品类似的负面评价，比如使用一段时间会"恶心""头晕"等。

"虚拟男孩"的屏幕

　　虚拟现实设备会像电脑、手机那样成为普及型的数码产品吗？很多人都产生了这样的疑问。后来帕尔默·洛基（Palmer Luckey）研发出了全新的头戴式显示器，他将它取名为"Rift（裂缝）"，寓意为在现实世界中打开一个缝隙，通往虚拟世界。

　　洛基比一般技术人员更熟悉用户的需求痛点，在 Rift 的二代版本中增加了室内位置追踪、屏幕防拖影等技术。为了提升舒适度，还将侧边的头带改为可以根据头型调节的弹簧悬臂梁。为了保证最佳的逼真度，眼镜镜片可以进行调节以确保镜片在用户瞳孔的正前方。

初期的 Rift 产品

与其他虚拟现实设备上市后截然不同的是，Rift 赢得了各界好评。2016 年，Rift 正式推出零售版，销售的套件包括了 Xbox One 的控制器和适配器，一些热门游戏和计算机操作系统也可以兼容。

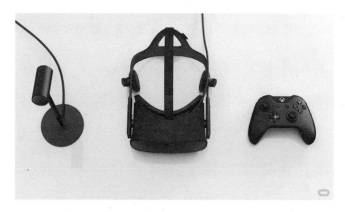

零售版 Rift

Rift 重新燃起了虚拟现实交互设备热，很多公司纷纷加入虚拟现实设备的研发竞争。美国一家公司在 2014 年推出了一款适配地图的廉价虚拟现实设备 Cardboard，外壳用的竟是普通纸壳！需要玩家自己折叠拼装才能使用，似乎看不出和高科技有什么关系。但是，普通手机安装一个 SDK（软件开发工具包）后就能体验到身临其境浏览全世界的效果了。Cardboard 的官方销售价格只有十几美元，同时支持开源，为虚拟现实设备走向大众做出了一个榜样。

Cardboard

近年来，除了更逼真的沉浸感，更轻巧、更时尚成了 VR 眼镜的主要技术趋势。在 2022 年的消费电子展（CES）上，一家公司公布了一款名为 Meganex 的"超轻量级、超高分辨率"的眼镜，把扬声器内置在框架内，有两个 1.3 英寸的显示屏，大小和外形已经接近于普通太阳镜。

Meganex

当然，VR 眼镜要真正做到像手机、平板电脑那样普及仅仅依靠降低价格、提高娱乐体验和外观好看远远不够，还需要解决实际问题。因此，在远程会议、医疗、教育培训等领域的应用也成为商家新的卖点。

动作捕捉和追踪交互

沉浸感的提升还需要提高身体各部分运动和设备的交互性能，特别是头部、四肢等细微动作的实时交互。对人、动物等的运动进行测量、跟踪和记录的技术被称为动作捕捉技术。前面介绍的手势交互和体感交互都是动作捕捉技术的不同类型。

动作捕捉系统一般通过在身体运动的关键部位安装采集位置和运动等信息的传感器来采集数据，再通过运动分析计算得到运动点的 6 个自由度的运动参数，从而生成三维骨骼运动动画模型。早期的动作捕捉技术主要用于采集生物运动信息，这些信息数据被用来驱动影片中的动画角色，因此，严格来说这种单向的输入还不能称为交互。

动作捕捉技术在迪士尼公司 1937 年拍摄的动画电影《白雪公主》中被首次使用，现已成为动画片拍摄中广泛使用的技术。

动作捕捉技术和 VR 眼镜配合使用可以营造出深度沉浸互动感，比如 2018 年发布的游戏《Island 359》中使用了动作捕捉和交互技术，玩家可以用脚去踢虚拟的恐龙。当然这套装置价格非常昂贵，但近年来有价格走低的趋势。2021 年 3 月，追踪器 VIVE Tracker 第 3 版发布，这款追踪器可以识别从手、脚和腰部到整个人体范围的运动，但全身追踪器的价格达到了 2100 美元。

VIVE Tracker

再比如 VR 无线一体机 Oculus Quest，它由头部显示器和两个手持控制器三个分离的设备组成。头部追踪开发了"内外向"追踪系统，这套系统采用了现在机器人自主导航中采用的

SLAM（即时定位与地图构建）技术，并融合惯性测量传感器等多个不同传感器的数据来确定使用者位置和头部的精细动作。

在手势交互方面，有一种方案的原理是主动式红外激光定位技术，采用两台红外摄像机拍摄头戴式显示器和手柄上的红外灯，通过四个不共面的红外灯的位置信息获得用户的头部和手部运动信息。2019 年推出的 Elixir 游戏具有智能手部跟踪和全身动作捕捉功能，不需要穿戴数据手套，通过单色摄像头就能识别感知每只手 18 个骨骼关节，进而识别人手的准确位置。

支持手势追踪的 Elixir 游戏

增强现实交互

用户在佩戴 VR 眼镜进入虚拟世界后，无法看到身边真实的世界，这也限制了它的使用时长。将虚拟世界叠加到真实世界中的增强现实（AR）技术正试图解决这个问题。1992 年美国空军的 Virtual Fixtures 虚拟帮助系统是早期增强现实技术应用的代表，后来也被引入到游戏和娱乐项目中。

如何兼顾真实世界和虚拟世界是增强现实技术的难点。抬头显示（HUD）技术采用可呈现电子数据的透明显示器，无须用户将

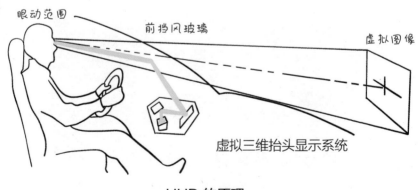

眼动范围
前挡风玻璃
虚拟图像
虚拟三维抬头显示系统

HUD 的原理

视线从他们通常的视点移开就可以看到数据。比如汽车驾驶员需要观察路况的时候兼顾仪表盘数据，通过抬头显示技术可以将仪表数据显示到前挡风玻璃上，驾驶员就可以专注于前面的路况而不必频繁看原来的仪表盘。

还有一种虚拟视网膜显示器（VRD）可以直接将图像投射到人的视网膜上，设备非常轻巧，而且图像的分辨率、对比度和亮度也会更高，特别是对佩戴眼镜的人士很友好。后来又出现了一种叫作光波导的技术，它将显示的内容从鼻梁处波导的边缘射入，经过衍射、全反射和第二次衍射等过程，最终将画面呈现在眼前。基于该技术开发出的HoloLens眼镜也成为现在主流的商业化增强现实设备之一。

虚拟世界和真实世界的集成度是增强现实系统的关键评价指标，这就需要知道虚拟物体在真实世界的位置和姿态，这个过程称为图像的配准。方法有基于传感器的配准和基于视觉的配准等。随着人工智能技术的发展，基于视觉的配准方法成为近年来的研究热点。比如一种方法是给需要交互的物体张贴类似二维码的配准标记，如图所示。

迈向元宇宙的人机交互

1. ARToolKit　2. ARTag　3. AprilTag　4. ArUco

不同的增强现实配准标记

增强现实技术应用示例

有了增强现实技术，用户可以使用定义的标准化手势、语音等与真实世界进行交互，比如可以看到机器的实际工作参数、将游戏中的虚拟人物显示到自己的房间中，甚至把周边的真实环境设置为游戏的场景。

再比如在北京和上海的两位小朋友通过增强现实技术踢虚拟足球，他们可以将同一个虚拟的足球相互传来传去，而且可以看到足球"撞"到对方的身体，更多不同地区甚至跨国界的小朋友也可以参加游戏。

北京　　上海

虚拟踢球游戏

当然增强现实技术还有很多实用价值。在医学领域，2018 年，安徽医科大学第二附属医院心脏大血管外科团队通过 AR 眼镜观察 3D 数字模型和 MR 虚拟影像，成功完成了一例主动脉夹层治疗手术。

交互技术的未来

2021 年 3 月，一款名叫沙盒（Roblox）的游戏平台在纽交所成功上市，该公司声称是元宇宙公司，上市首日市值即突破 400 亿美元，引起了社会各界的关注，并且让"元宇宙"这一概念迅速扩散！在此之前，元宇宙一词只存在于科幻小说或者电影中。

元宇宙是什么？这一新名词来源于尼尔·斯蒂芬森 1992 年所撰写的科幻小说《雪崩》。元宇宙由与真实世界平行的虚拟世界组成，用户可以自然穿梭于真实世界和虚拟世界中。由于这些企业提及的元宇宙所采用的交互、区块链等六大技术并不是元宇宙所独有的，因此，目前元宇宙还缺乏科学严谨的定义。

与现有其他虚拟交互体验不同的是，在元宇宙中，用户以真实身份进行交互，并且会开放更多真实生活中的功能，比如数字交易、社交等。因此，通过交互设备与虚拟世界流畅地双向交流的要求更高。

IT趣闻

BIGANT——元宇宙的六大核心技术

区块链（Blockchain）、交互（Interactivity，即人机交互）、电子游戏（Game）、人工智能（Artificial Intelligence）、网络及运算（Network and Computing）和物联网（Internet of Things）六项技术是元宇宙的主要核心技术，如果把它们对应的英文首字母连起来，就组成了BIGANT（大蚂蚁），分别对应了蚂蚁的六条腿，也寓意着爬行于真实世界与虚拟世界中的大蚂蚁，既形象又便于记忆。

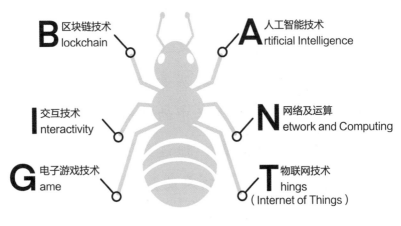

BIGANT

B 区块链技术
lockchain

A 人工智能技术
rtificial Intelligence

I 交互技术
nteractivity

N 网络及运算
etwork and Computing

G 电子游戏技术
ame

T 物联网技术
hings
（Internet of Things）

元宇宙的六大核心技术

迈向元宇宙的人机交互

　　在元宇宙中，真实世界和虚拟世界融为一个整体，交互技术无疑是缝合二者的重要载体。2022 年 2 月 4 日的北京冬奥会开幕式让世人震撼，在舞蹈节目《立春》中，近 400 名表演者手持发光杆和地面 8K 巨型 LED 屏幕形成了一个大型"元宇宙"。二十四节气倒计时之后，在开幕式舞台中央，一丛嫩绿的"小草"开始随风摆动，生机勃勃、春意盎然。

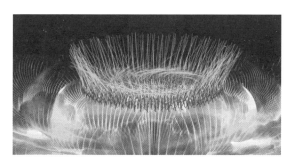

2022 年北京冬奥会开幕式

关于元宇宙的话题也存在很多争议,除了缺少原创性的技术外,还涉及更加私密的个人数据,保护和监管或许比现在的互联网和人工智能技术更难。也出现了在元宇宙中进行 NFT(非同质化通证)交易、虚拟土地拍卖等新鲜事物,甚至是跨国界的,由此引发的纠纷该如何处理尚没有健全的法律。

可以预知的是,无论元宇宙未来走向何方,还会涌现出多少新的数字概念,人机交互技术的研究都将继续探索下去。

参考文献

［1］余强，周苏 . 人机交互技术［M］. 2 版 . 北京：清华大学出版社，2022.

［2］王党校，张玉茹 . 触力觉人机交互导论［M］. 北京：人民邮电出版社，2021.

［3］AIGNER R ,WIGDOR D , BENKO H , et al. Understanding mid-air hand gestures: a study of human preferences in usage of gesture types for HCI［R］. Redmond: Microsoft Research, 2012.

［4］周吉银，刘丹 . 医学领域应用脑机接口技术的伦理困境［J］. 中国医学伦理学，2019, 32（10）: 1261-1266；1276.

［5］LEUTHARDT E C, SCHALK G , ROLAND J , et al. Evolution of brain-computer interfaces: going beyond classic motor physiology.［J］. Neurosurgical focus, 2009, 27（1）: E4.

［6］BAUS O, BOUCHARD S. Moving from virtual reality exposure-based therapy to augmented reality exposure-based therapy: a review［J］. Frontiers in human neuroscience, 2014, 8:112.

［7］MACKENZIE I S . Human-computer interaction: an empirical research perspective［J］. Handbook of humancomputer interaction edition, 2013, 6（1）: 3-21.

［8］张凤军，戴国忠，彭晓兰 . 虚拟现实的人机交互综述［J］. 中国科学：信息科学，2016, 46（12）: 1711-1736.

［9］WEI D.Gemiverse: the blockchain-based professional certification and tourism platform with its own ecosystem in the metaverse［J］. International journal of geoheritage and parks, 2022,10（2）: 322-336.